Dedicatoria:

En primer lugar, doy gracias a mi Maestro y Señor Jesús por su ayuda al permitirme editar este libro.

De forma muy especial, dedico este libro a mi amada madre Albertina y a mi amado padre Reinaldo, quienes han partido a un mundo paralelo.

También dedico esta obra a mis amados hijos, de manera muy especial a Matías y Catalina, así como a mi hermosa familia y a mis queridos amigos.

¡Gracias por estar siempre a mi lado en cada paso de mi camino!

TURISMO CUÁNTICO: "Hacia una nueva realidad"

Edición 1, 2023

Publicado por Kindle Direct Publishing

Fotografías: https://pixabay.com

Reinaldo Ferrada Carrasco

TURISMO CUÁNTICO

"Hacia una nueva realidad"

"Cada vez que tomamos una decisión, abrimos una puerta hacia una nueva realidad. Es nuestra elección cuál puerta atravesar."

Reinaldo Ferrada Carrasco

CAPITULO 1
Introducción

Capítulo 1. Introducción.

La física cuántica ha revolucionado la comprensión del universo y ha llevado a descubrimientos sorprendentes sobre la naturaleza de la realidad. Actualmente, la tecnología permite a los viajeros experimentar estas maravillas de primera mano en lo que se ha denominado "turismo cuántico".

La primera edición del libro "Turismo Cuántico: Hacia una nueva realidad" es una invitación a explorar los misterios cuánticos del universo y a descubrir nuevas formas de viajar y experimentar la vida.

En este libro, se descubre cómo la física cuántica ha llevado al desarrollo del turismo cuántico y cómo esta nueva forma de viajar puede cambiar la comprensión de la realidad y el sentido del tiempo y el espacio. Se exploran los principios fundamentales de la física cuántica, incluidos los experimentos clásicos que han llevado a la comprensión actual del mundo subatómico.

A lo largo del libro, se invita a los lectores a descubrir los universos paralelos y multiversos que estarán disponibles algún día, no tan lejano, para explorarlos a través del turismo cuántico. También se presentan las tecnologías cuánticas que harán posible estos viajes en un futuro cercano, así como las implicaciones éticas y sociales de esta nueva forma de turismo.

El libro presenta 11 formas diferentes de viajar en el turismo cuántico, desde la transferencia de conciencia a diferentes cuerpos hasta los viajes a través de la realidad virtual avanzada. Finalmente, se explora cómo el turismo cuántico puede ayudar a resolver problemas importantes en la sociedad y en el mundo, así como su papel en la evolución humana y la exploración del universo.

Esta primera edición, no pretende ahondar en conceptos asociados al título del libro, sino entregar una introducción a las maravillas del turismo cuántico. Entre otras cosas, se comprende que existen otras realidades que ignoramos, pero que es posible conocer.

Así que, si el lector está listo para embarcarse en una aventura única y emocionante hacia los límites de la realidad, puede unirse al autor en "Turismo Cuántico: Hacia una nueva realidad" y comenzar su viaje cuántico hoy mismo.

CAPÍTULO 2
Física y turismo cuántico

CAPÍTULO 2. Física y turismo cuántico.

¿Qué es la física cuántica?

La física cuántica es una rama de la física que estudia el comportamiento de la materia y la energía a nivel subatómico. Se centra en el estudio de las partículas más pequeñas que componen todo lo que existe en el universo, como los átomos, las partículas subatómicas y los fotones.

La física cuántica ha revolucionado nuestra comprensión del universo, y ha dado lugar a numerosos avances tecnológicos que han transformado la forma en que vivimos. Desde la electrónica moderna hasta la investigación en el Gran Colisionador de Hadrones (LHC), que es el mayor acelerador de partículas del mundo y está situado en el CERN. Se trata de un laboratorio de investigación Física de Partículas Elementales o Física de Altas Energías situado en la frontera entre Francia y Suiza, muy cerca de Ginebra.

La física cuántica ha permitido el desarrollo de dispositivos y sistemas que nos permiten llevar a cabo tareas que antes eran impensables. Por ejemplo, los circuitos integrados que se utilizan en nuestros teléfonos móviles y ordenadores portátiles están basados en los principios de la física cuántica. La tecnología láser también se basa en la física cuántica y se utiliza en una amplia variedad de aplicaciones.

El CERN ha permitido a los científicos investigar la estructura del universo y comprender mejor cómo funciona.

Como disciplina fascinante, la física cuántica o mecánica cuántica, ha transformado nuestra comprensión del universo y la realidad, ofreciendo una oportunidad única para experimentar en ámbitos sorprendentes.

La física cuántica se desarrolló en la primera mitad del siglo XX como una respuestaa las limitaciones de la física clásica (Isaac Newton) para explicar ciertos fenómenos que se observaban en el mundo subatómico. La teoría cuántica se basa en la idea de que las partículas subatómicas no tienen una posición definida y se comportan de manera diferente a las partículas macroscópicas que observamos en nuestro mundo cotidiano.

La física cuántica ha dado lugar a importantes avances en la tecnología moderna. También ha llevado a una mayor comprensión del universo y ha proporcionado nuevas formas de investigar y comprender la realidad que nos rodea.

¿Qué es el turismo cuántico?

El turismo cuántico es una tendencia emergente en la industria turística que está siendo impulsada por los avances en la física cuántica y las tecnologías asociadas. Una de las principales ventajas del turismo cuántico es su capacidad para proporcionar experiencias únicas y emocionantes que permiten a los turistas explorar y experimentar la realidad de una manera completamente nueva y apasionante.

En este sentido, el turismo cuántico no solo puede proporcionar experiencias divertidas y educativas para los turistas, sino que también puede tener importantes aplicaciones en la educación y la divulgación científica.

Además, el turismo cuántico también puede tener importantes implicaciones para la industria del entretenimiento y los medios de comunicación.

Por ejemplo, la tecnología de realidad virtual y aumentada utilizada en el turismo cuántico podría utilizarse para crear experiencias de entretenimiento inmersivas que permitan a las personas experimentar diferentes realidades y universos paralelos.

Otro aspecto importante del turismo cuántico es su potencial para impulsar la investigación y el desarrollo en la física cuántica y las tecnologías asociadas. Al aumentar el interés público en la física cuántica, el turismo cuántico puede ayudar a atraer fondos y recursos para la investigación y el desarrollo de nuevas tecnologías cuánticas, como los computadores cuánticos y la comunicación cuántica.

El turismo cuántico también puede tener importantes implicaciones para la industria del transporte y la logística.

Con el desarrollo de algunas nuevas tecnologías se hace creíble y posible la teletransportación y el conocimiento de nuevas realidades, podría abrirse una oportunidad que permitiría a las personas viajar a cualquier parte de manera instantánea y sin restricciones.

¿Cómo funciona el turismo cuántico?

El turismo cuántico se fundamenta en la idea de que la realidad a nivel subatómico difiere significativamente de la realidad que vivimos en nuestro mundo cotidiano. Las partículas subatómicas carecen de una posición definida y pueden existir en múltiples estados al mismo tiempo.

Adicionalmente, las partículas están conectadas a través de fenómenos como el entrelazamiento cuántico, lo que permite que estén vinculadas instantáneamente a largas distancias.

Debido a que todo en el universo conocido está compuesto de las mismas partículas, incluyendo los seres humanos, éstos también podrían estar en múltiples lugares simultáneamente, lo señalan respetados y conocidos científicos.

El turismo cuántico representa una nueva y emocionante tendencia en el sector turístico que busca aprovechar las propiedades de la física cuántica para ofrecer experiencias únicas y emocionantes.

Por ejemplo, en un comienzo los turistas pueden:

-Visitar laboratorios de física cuántica para aprender acerca de los últimos avances científicos en el campo y participar en experimentos interactivos que les permiten explorar la naturaleza de la materia y la energía a nivel subatómico.

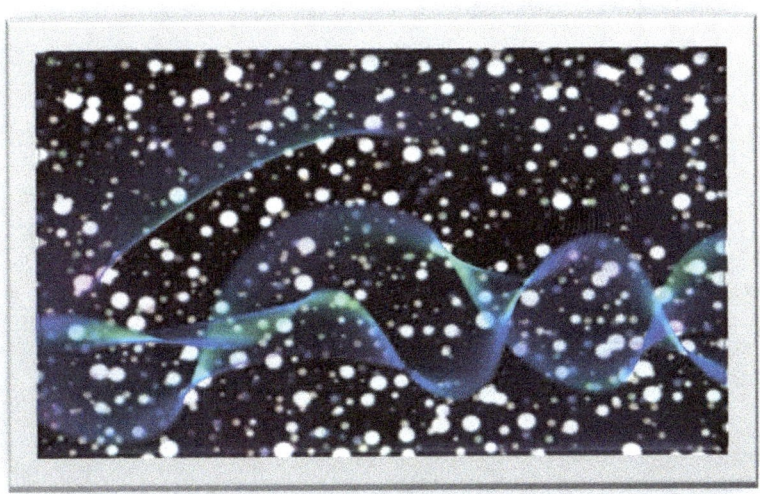

-Los turistas pueden participar de experiencias de realidad virtual y aumentada que permiten experimentar la física cuántica de manera más inmersiva.

-

Pero tal vez lo más apasionante es que algunos científicos expertos predicen que en el futuro el turismo cuántico se ampliará aún más para incluir:

-Viajes en el tiempo.

-Visitas a universos paralelos.

-Visitas a otros mundos.

-Visitas a otras realidades.

Todo esto permitirá, sin duda, experiencias inolvidables e innovadoras y un cambio radical a la percepción y forma de experimentar la vida.

CAPITULO 3

Principios y antecedentes relevantes de la física cuántica

CAPITULO 3. Principios y antecedentes relevantes de la física cuántica.

la física cuántica es un campo de la física que se centra en el estudio de la naturaleza de la materia y la energía a nivel subatómico, lo que implica un cambio radical en nuestra comprensión de la realidad. La teoría cuántica se basa en la idea de que la energía y la materia no son continuas, sino que están compuestas de partículas cuánticas que tienen propiedades únicas.

Uno de los principios fundamentales de la física cuántica es el principio de superposición, que establece que una partícula cuántica puede estar en múltiples estados al mismo tiempo. Por ejemplo, un electrón puede estar en varios niveles de energía simultáneamente. Este principio se conoce como superposición cuántica y es fundamental para la comprensión de la física o mecánica cuántica.

Otro principio fundamental de la física cuántica es el entrelazamiento cuántico, que es una propiedad única de las partículas cuánticas en la que dos partículas pueden estar correlacionadas de manera que cualquier cambio en una de ellas afectará instantáneamente a la otra, independientemente de la distancia que las separe. Albert Einstein denominaba a este fenómeno como "acción fantasmal a distancia" porque no comprendía cómo funcionaba, esto hasta el día de hoy es un misterio.

La dualidad onda-partícula es otro principio fundamental de la física cuántica que establece que una partícula cuántica puede comportarse como una onda y viceversa. Por ejemplo, los fotones, que son partículas cuánticas de luz, pueden comportarse como ondas y tener propiedades de interferencia.

Finalmente, el principio de complementariedad establece que la descripción de un sistema cuántico depende de la medición que se realice sobre él. Esto significa que no es posible tener una descripción completa de un sistema cuántico sin medirlo. Además, la medición afecta al sistema y cambia su estado.

La física cuántica implica un cambio radical en nuestra comprensión de la realidad. Los principios fundamentales de la física cuántica, como la superposición, el entrelazamiento cuántico, la dualidad onda-partícula y el principio de complementariedad, son fundamentales para la comprensión de la mecánica cuántica y han llevado al desarrollo de tecnologías avanzadas en una amplia gama de campos.

Para comprender el Turismo Cuántico es preciso revisar un poco la historia de la física cuántica.

La historia de la física cuántica comenzó en el siglo XX con el trabajo de varios científicos notables, incluyendo a Max Planck, Albert Einstein, Niels Bohr, Werner Heisenberg y Erwin Schrödinger, entre otros. Estos científicos desarrollaron una nueva comprensión de la naturaleza de la materia y la energía a nivel subatómico que llevó a la creación de la teoría cuántica.

Max Planck, en 1900, propuso la idea de que la energía no era continua, sino que estaba compuesta de paquetes discretos de energía, a los que llamó "cuantos". Este descubrimiento sentó las bases para la teoría cuántica y estableció el principio fundamental de que la energía y la materia no son continuas, sino que están compuestas de partículas cuánticas.

En 1905, Albert Einstein propuso la teoría de la relatividad, que cambió fundamentalmente la forma en que se entiende la naturaleza del espacio y el tiempo. Esta teoría, junto con su trabajo en la explicación del efecto fotoeléctrico, llevó a la idea de que la luz no solo se comporta como una onda sino también como una partícula cuántica, el fotón.

Niels Bohr, en 1913, desarrolló la teoría del átomo de Bohr, que propuso que los electrones en un átomo solo pueden tener ciertos niveles de energía, lo que explicapor qué los átomos emiten y absorben energía en paquetes discretos.

Heisenberg, en 1925, formuló el principio de incertidumbre, que establece que no se puede conocer la posición y el momento de una partícula cuántica con precisión absoluta.

Erwin Schrödinger, en 1926, desarrolló la ecuación de onda de Schrödinger, que describe cómo las partículas cuánticas se comportan como ondas y cómo la probabilidad de que una partícula esté en una ubicación determinada se relaciona con la forma de la onda. Esta ecuación es fundamental para la comprensión de la mecánica cuántica.

La historia de la física cuántica está marcada por el trabajo de figuras notables que desarrollaron nuevas teorías y conceptos que cambiaron fundamentalmente nuestra comprensión de la naturaleza de la materia y la energía a nivel subatómico. Estos principios continúan siendo fundamentales para la física moderna y son la base de prácticamente todas las tecnologías avanzadas que utilizamos hoy en día.

A continuación, se explican cuatro principios fundamentales de la física cuántica:

Dualidad onda-partícula.

Uno de los principios más sorprendentes de la física cuántica es la dualidad onda- partícula. Según este principio, las partículas cuánticas, como los electrones y los fotones, pueden comportarse tanto como partículas u ondas. Esto significa que los electrones y los fotones pueden tener propiedades de onda, como la interferencia la difracción, así como propiedades de partícula, como la localización.

Superposición cuántica.

Otro principio importante de la física cuántica es la superposición cuántica. Según este principio, las partículas cuánticas pueden existir en múltiples estados a la vez. Por ejemplo, un electrón puede estar en dos lugares diferentes simultáneamente, lo que se conoce como superposición. Este principio es fundamental para la computación cuántica y la criptografía cuántica.

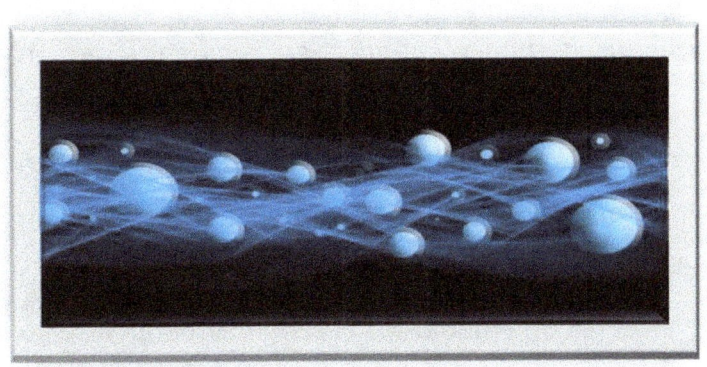

¡LA MISMA PARTICULA ESTÁ EN TODOS LOS LUGARES POSIBLES MATEMÁTICAMENTE!

Mientras no se observen o midan, existen todas las probabilidades de ubicación de una misma partícula. Sin embargo, **sucede algo increíble, demostrado científicamente, denominado "Colapso de Onda".** El colapso de la función de onda o colapso de la onda cuántica es un fenómeno en la mecánica cuántica en el que una partícula cuántica que se encuentra en un estado de superposición de varios posibles estados cuánticos se "colapsa" en un estado único y determinado cuando se realiza una medición o se interactúa con el entorno.

En otras palabras, antes de la medición, **la misma** partícula cuántica se encuentra en un estado de superposición de varios estados posibles según dibujo anterior, lo que significa que tiene una probabilidad no nula de estar en cada uno de estos estados. Sin embargo, cuando se realiza una medición, el sistema cuántico se ve forzado a tomar un valor específico y determinado, lo que se conoce como el colapso de la función de onda.

La probabilidad de encontrar la partícula en un estado particular se vuelve 1, mientras que la probabilidad de encontrarla en otros estados posibles se vuelve 0.

Con la medición la única partícula está en una posición específica, sus otras versiones de sí misma desaparecen.

Para reflexión: Antes de ser medida u observada, una misma partícula subatómica, de las que estamos compuestos los seres humanos y todo lo que existe, se encuentran en todos los lugares matemáticamente posibles.

Al momento de ser medida u observada fija su posición y el resto desaparece.

¡Los seres humanos estamos conformados de estas partículas!

Este fenómeno es uno de los aspectos más enigmáticos de la mecánica cuántica y ha sido objeto de intensos debates y controversias desde su descubrimiento. Se ha sugerido que el colapso de la función de onda puede ser el resultado de la interacción entre el sistema cuántico y el observador.

Para reflexión: ¿El observador crea la realidad?

La investigación del Doctor Masaru Emoto es otro ejemplo que destaca la importancia del observador y de la medición. Emoto sostiene que el agua es un elemento altamente sensible y puede ser influenciada por diferentes factores, incluyendo los pensamientos, emociones, palabras, música, fotografías y escritos. Para demostrar su teoría, Emoto realizó experimentos exponiendo agua a diferentes emociones y palabras, encontrando que las emociones positivas producían cristales de agua hermosos y bien estructurados, mientras que las emociones negativas producían cristales deformes y caóticos. Aunque algunos científicos han criticado su metodología, la investigación de Emoto ha generado un gran interés en cómo nuestros pensamientos y emociones pueden influir en nuestra salud y bienestar a nivel molecular. En última instancia, la investigación de Emoto es un recordatorio importante de que nuestra propia observación y medición, junto con nuestras emociones y pensamientos, pueden tener un impacto profundo en nuestra vida cotidiana. Por lo tanto, es crucial ser conscientes de nuestros pensamientos y emociones y trabajar para cultivar una mentalidad positiva.

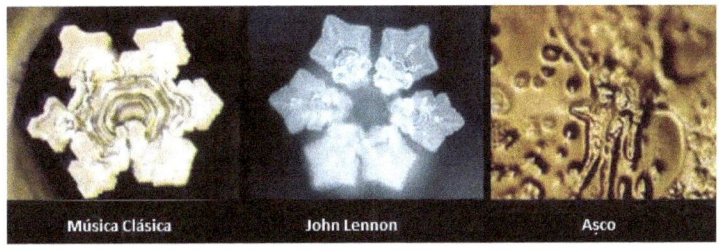

Música Clásica   John Lennon   Asco

La ciencia ha comprobado que el pensamiento es una energía que transmitimos por ondas; si pensamos en algo positivo podemos atraer algo bueno, pero si constantemente estamos pensando en algo negativo, seguro atraeremos lo malo.

El cuerpo humano está compuesto en un 60 por ciento de agua, el cerebro se compone en un 70 por ciento de agua, la sangre en un 80 por ciento y los pulmones se componen en un 90 por ciento de agua. Las propiedades del agua son muy importantes para la vida. Las células de nuestros cuerpos están llenas de agua.

Para reflexión: Si los pensamientos hacen esto con el agua **¿qué pueden hacer los pensamientos con los seres humanos que somos en altisimo porcentaje agua?**

Entrelazamiento cuántico.

El entrelazamiento cuántico es otro principio importante de la física cuántica. Según este principio, dos partículas cuánticas pueden estar entrelazadas de tal manera que las propiedades de una partícula están relacionadas con las propiedades de la otra partícula, independientemente de la distancia entre ellas. Esto significa que cuando una partícula cambia su estado, la otra partícula también cambia instantáneamente, lo que ha llevado a la posibilidad de comunicación instantánea en el futuro.

Entrelazamiento Cuántico. No importa que estén las 2 partículas a millones de años luz, si una es alterada, la otra también y de forma instantánea.

Para Reflexión: ¿La información viaja más rápido que la luz? La comunicación es instantánea, está comprobado.

Incertidumbre cuántica.

La incertidumbre cuántica es otro principio fundamental de la física cuántica. Según este principio, no se puede conocer con precisión absoluta la posición y el momento de una partícula cuántica al mismo tiempo. Esto se debe a que la medición de una propiedad cuántica cambia el estado de la partícula, lo que hace que la otra propiedad no pueda ser medida con precisión. Este principio está relacionado con la teoría de la relatividad y es uno de los principios más conocidos y estudiados dela física cuántica.

Para reflexión: ¿Cómo es posible que una misma partícula subatómicas esté en muchas partes a la vez? Está demostrado hace tiempo y se ignora el por qué.

Los seres humanos estamos formados por estas partículas subatómicas.

En conclusión, la física cuántica ha llevado a la creación de nuevas tecnologías avanzadas y ha cambiado fundamentalmente nuestra comprensión del universo. La dualidad onda-partícula, la superposición cuántica, el entrelazamiento cuántico y laincertidumbre cuántica son algunos de los principios fundamentales de la física cuántica que continúan siendo investigados y aplicados en la física moderna y en latecnología de vanguardia.

Experimentos Clásicos de la Física Cuántica.

La física cuántica ha sido confirmada experimentalmente en numerosas ocasionesa lo largo del siglo XX y XXI. A continuación, se describirán algunos de los experimentos más clásicos y famosos en el ámbito de la física cuántica.

El experimento de la doble rendija.

Este experimento es uno de los más famosos de la física cuántica y se utiliza para demostrar la dualidad onda-partícula de los electrones y otros objetos cuánticos.

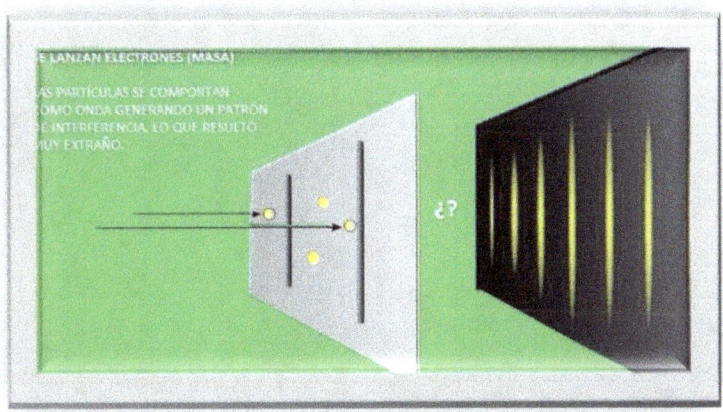

Consiste en disparar electrones hacia una placa con dos rendijas y observar el patrón de interferencia detrás de la placa.

El resultado muestra que los electrones se comportan como ondas y pueden interferir entre sí, lo que lleva a patrones de interferencia en la pantalla, lo mismo que haría una onda.

Para reflexión: Los electrones, que tienen masa, se comportan como una onda de probabilidades si no es observada o medida.

Los seres humanos estamos conformados por estas partículas. ¿Qué sucede con estas probabilidades en los seres humanos?

Al notar este comportamiento tan extraño, en este experimento se puso un dispositivo para observar la entrada de electrones y resultó que se producía dos marcas verticales detrás de las rendijas, como era esperable.

El experimento se ha realizado incontablemente siempre con el mismo resultado.

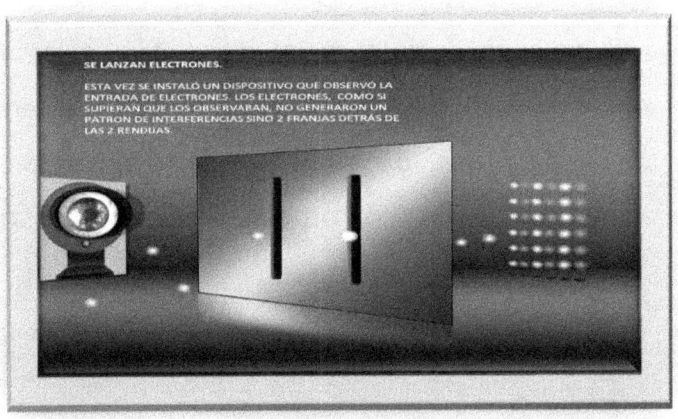

Para Reflexión: ¿La partícula sabe que es observada y se comporta diferente?

El gato de Schrödinger.

Este experimento imaginario, propuesto por el físico austriaco Erwin Schrödinger en1935, busca ilustrar la paradoja de la superposición cuántica. Consiste en un gato encerrado en una caja opaca junto con un dispositivo que contiene una sustancia radioactiva que tiene una probabilidad del 50% de desintegrarse en una hora. Si la sustancia se desintegra, el dispositivo activa un mecanismo que mata al gato. Según la teoría cuántica, antes de abrir la caja, el gato se encuentra en una superposición de estar vivo y muerto al mismo tiempo.

El experimento de Einstein-Podolsky-Rosen (EPR).

Este experimento propuesto por Albert Einstein, Boris Podolsky y Nathan Rosen en 1935 buscaba demostrar que lateoría cuántica no era completa y que aún faltaban variables ocultas para explicar el comportamiento de las partículas cuánticas. Sin embargo, el experimento demostró que la teoría cuántica era correcta y que el entrelazamiento cuántico era una realidad

El experimento de Bell.

Este experimento, propuesto por John Bell en 1964, buscaba demostrar que la teoría cuántica permitía la existencia de variables ocultas que permitían explicar el comportamiento de las partículas cuánticas. Sin embargo, los resultados del experimento demostraron que la teoría cuántica era correcta y que las partículas cuánticas estaban entrelazadas y se comportaban de manera no local.

Estos experimentos han desafiado nuestra comprensión del mundo y comprensión del universo. Nace, por tanto, el turismo cuántico y la posibilidad de viajar a otras realidades.

CAPITULO IV

Multiversos y otras realidades por visitar

CAPITULO IV. Multiversos y otras realidades por visitar.

En este capítulo no se pretende abordar todas las teorías existentes en cuanto a los universos y mundos paralelos, ya que se desviaría el objetivo del libro. En todo caso es importante saber que existen varias teorías en las que han trabajado muchos científicos que creen en estas otras realidades y mundos paralelos. Algunas de ellas son: La teoría M, la teoría de los universos holográficos y la teoría de la inflación eterna, por señalar algunas.

Max Tegmark, físico y cosmólogo, ha propuesto una clasificación para los universos existentes más allá del universo observable. Esta clasificación se basa en la teoría de los universos paralelos, que sugiere que existe un número infinito de universos paralelos al nuestro, cada uno con sus propias leyes físicas y variaciones.

La clasificación de Tegmark se basa en la jerarquía de mundos matemáticos, que es una clasificación de todas las estructuras matemáticas posibles. Esta jerarquía se extiende desde el mundo más simple, que solo contiene un objeto, hasta el mundo más complejo, que contiene todas las estructuras matemáticas posibles.

Tegmark utiliza esta jerarquía de mundos matemáticos para clasificar los universos existentes en multiversos, más allá del universo observable.

Su clasificación se basa en cuatro niveles que son los siguientes:

Nivel 1. Multiversos de tipo I.

En este primer nivel de multiverso las leyes de la física son las mismas que nuestro universo observable, pero con diferentes condiciones iniciales.

Esto significa que estos universos contienen las mismas partículas elementales y fuerzas fundamentales que nuestro universo, pero pueden tener diferentes distribuciones de materia y energía.

Cada universo sería como una burbuja conteniendo todo lo existente es él.

El multiverso de este nivel I contendría innumerables universos paralelos con las mismas leyes de la física que conocemos, siendo nuestro universo sólo uno de los incontables universos paralelos que se siguen creando.

Se estima que existen 100.000 millones de galaxias sólo en nuestro universo observable.

La tierra es parte de uno de estos millones de galaxias.

En este nivel, habría infinitas versiones de un mismo ser humano, algunas versiones idénticas, como de cualquier otra cosa, incluyendo nuestro planeta, Algunos universos existirían con sutiles cambios, por ejemplo la ciudad dónde vive un ser humano sería otra, el color se su pelo o el modelo de su coche variarían. Todas esas personas creen que son la única.

En este universo, las leyes físicas serían las mismas que en nuestro universo, pero la distribución de materia y energía sería diferente, lo que podría llevar a diferentes eventos y trayectorias de vida.

Para Reflexión. ¿Cuántas versiones de usted mismo pueden existir?

Nivel 2. Multiversos de tipo II.

Estos multiversos se llaman de tipo II porque contienen diferentes constantes físicas, como la velocidad de la luz, la carga del electrón y la fuerza nuclear fuerte, entre otras. En estos universos, la física fundamental es diferente a la nuestra, lo que significa que la estructura básica de la materia y la energía sería diferente. En estos universos, las partículas elementales y las fuerzas fundamentales no serían necesariamente las mismas que en nuestro universo observable.

En uno de estos universos, un ser humano podría tener una densidad ósea mucho mayor que en nuestro universo, lo que lo haría más fuerte pero también más pesado. En otro universo, la vida tal como la conocemos podría no existir, ya que las condiciones físicas no permitirían la formación de moléculas complejas.

En otro universo, la vida podría existir, pero de una forma completamente diferente, basada en formas de energía y materia que no existen en nuestro universo.

Nivel 3. Multiversos de tipo III.

Estos multiversos también contienen diferentes leyes físicas, pero se diferencian de los multiversos de tipo II porque en ellos, las leyes físicas pueden variar de un punto a otro en el espacio. Esto significa que, en algunos lugares del universo, las leyes físicas podrían ser diferentes a las que observamos en nuestro universo, mientras que, en otros lugares, las leyes físicas podrían ser similares a las nuestras.

En un universo con una estructura física diferente, la vida podría existir de una manera completamente distinta, con organismos basados en diferentes tipos de moléculas y diferentes formas de interacción con el entorno.

Nivel 4. Multiversos de tipo IV.

Estos multiversos son los más especulativos y están basados en una teoría conocida como "La Teoría del Todo". En estos universos, todas las leyes físicas y todas las estructuras matemáticas posibles coexisten en un estado de superposición cuántica. Esto significa que, en lugar de tener una sola realidad observable, hay infinitas realidades posibles que pueden colapsar en una única realidad observada.

En un universo así, los seres humanos podrían existir como entidades puramente matemáticas, sin un cuerpo físico. En otro universo, la realidad podría estar basada en estructuras matemáticas que no podemos ni imaginar, lo que haría que cualquier forma de vida en ese universo sea completamente desconocida para nosotros.

En resumen, la clasificación de Tegmark nos ofrece una fascinante perspectiva sobre la naturaleza de la realidad y la posibilidad de que existan universos paralelos con diferentes leyes físicas y propiedades.

Cada nivel de multiverso representa una comprensión más profunda y compleja de la naturaleza de la realidad, y nos invita a explorar nuevas posibilidades y teorías sobre el universo y nuestra existencia en él.

¿Por qué no vemos las otras realidades?

Muchos científicos sostienen que existen infinitas versiones de la realidad dónde hay infinitas versiones de cada ser humano, todo está duplicado y más que duplicado.

Pero ¿Por qué no vemos las otras realidades?

No vemos las otras realidades porque cada vez que tomamos una decisión, por ejemplo, de ir por el camino de la derecha fijo mi realidad allí, la otra realidad también se crea y sigue su camino por la izquierda con otro tú cuántico que cree es el real. Ambos existen, ambos son reales, pero no pueden contactarse uno con otro.

El físico Hugh Everett, en su libro Muchos Mundos, concluye que el universo se divide y divide infinitamente cuándo lo observamos y tomamos una decisión.

La teoría de los muchos mundos de Hugh Everett propone que cada vez que se produce una medida cuántica, el universo se divide en múltiples universos paralelos, cada uno de los cuales representa una posible realidad. Esto significa que, en lugar de haber una única realidad determinada, existen infinitas realidades, cada una de ellas coexistiendo en universos paralelos.

Esta teoría se basa en el comportamiento de las partículas subatómicas que no tienen un estado definido hasta que se les mide, según el principio de superposición cuántica.

De acuerdo con la teoría de los muchos mundos, cuando se mide una partícula subatómica, se produce una división en el universo, creando universos paralelos para cada posible resultado de la medición. Cada universo paralelo representa una realidad diferente, con una versión diferente del universo y de cada ser que existe en él.

En consecuencia, la teoría de los muchos mundos implica que hay infinitas versiones de cada ser humano, del mundo en que vivimos, y de todo lo que existe en él. La teoría sugiere que estas realidades alternativas existen de forma simultánea y que son igualmente válidas.

La teoría de los muchos mundos puede aplicarse a la toma de decisiones de un ser humano de varias maneras teóricas. Aquí hay cinco ejemplos de cómo esta teoría podría ser aplicada:

-Tomar un camino diferente en un cruce de caminos: Según la teoría de los muchos mundos, cada vez que tomamos una decisión, se crean múltiples universos paralelos. Si decidimos tomar un camino diferente en un cruce de caminos, esto podría crear un universo paralelo en el que tomamos el otro camino, de tal forma que seguimos por este camino y esa es nuestra realidad. Sin embargo, otra versión de uno mismo tomó el camino alternativo dividiendo la realidad, esta versión existe en un universo paralelo y cree que es la única persona.

-Decidir si comprar un producto u otro: Si estamos eligiendo entre dos productos diferentes para comprar, la teoría de los muchos mundos sugiere que se crean universos paralelos para cada opción. Si compramos el primer producto, se creará un universo paralelo en el que compramos el segundo producto.

-Elegir una carrera profesional: Si estamos eligiendo entre varias carreras profesionales, cada elección podría crear universos paralelos que representen diferentes resultados. Si decidimos convertirnos en médicos, se creará un universo paralelo en el que elegimos una carrera diferente.

-Decidir si mudarse a una nueva ciudad: Si estamos considerando mudarnos a una nueva ciudad, la teoría de los muchos mundos sugiere que cada decisión que tomemos podría crear universos paralelos que representen diferentes resultados. Si nos mudamos, se creará un universo paralelo en el que decidimos quedarnos en nuestra ciudad actual.

-Elegir con quién salir: Si estamos eligiendo con quién salir, la teoría de los muchos mundos sugiere que cada elección podría crear universos paralelos que representen diferentes resultados. Si elegimos salir con una persona en particular, se creará un universo paralelo en el que elegimos salir con otra persona.

CAPITULO V

La importancia de la comprensión de la realidad cuántica para el turismo cuántico

CAPITULO V. La importancia de la comprensión de la realidad cuántica para el turismo cuántico.

El turismo cuántico se basa en la idea de que la realidad puede ser más compleja y diversa de lo que percibimos a simple vista. En lugar de simplemente existir en un mundo material, la realidad cuántica sugiere que el universo es un lugar de múltiples posibilidades y estados, y que nuestra percepción del mundo puede influir en su comportamiento.

Importancia.

La física cuántica juega un papel importante en el turismo cuántico porque es la base teórica que explica la realidad cuántica. Al entender los principios de la física cuántica, podemos comenzar a comprender mejor la naturaleza de la realidad y las posibilidades que ofrece.

El papel de la física cuántica en el futuro del turismo cuántico.

La física cuántica está transformando rápidamente el mundo del turismo cuántico. Al comprender mejor los principios cuánticos, podemos desarrollar nuevas formas de explorar y experimentar el mundo que antes eran imposibles. Por ejemplo, la tecnología cuántica ha hecho posible la creación de computadoras cuánticas, que pueden realizar cálculos mucho más rápido que las computadoras convencionales. Esto tiene implicaciones para la seguridad en el turismo, la gestión de reservas y lalogística de viajes.

La importancia del observador para el Turismo Cuántico.

En la física cuántica, el observador juega un papel fundamental en la determinación del comportamiento de las partículas subatómicas y por tanto de la realidad.

Esto se conoce como el principiode incertidumbre de Heisenberg como vimos en capitulo anterior, que sugiere que la posición y el momento de una partícula subatómica no pueden ser medidos simultáneamente con precisión.

En el turismo cuántico, la importancia del observador se extiende más allá de la física cuántica. En lugar de simplemente observar el mundo, en el turismo cuántico se trata de interactuar con él de una manera más consciente e intencional. Al ser conscientes de nuestro papel como observadores, podemos afectar el mundo en formas nuevas e inesperadas, lo que hace que el turismo cuántico sea unaexperiencia única y transformadora.

CAPITULO VI

Tecnologías para permitir
el turismo cuántico

CAPITULO VI. Tecnologías para permitir el turismo cuántico.

La tecnología cuántica ha avanzado significativamente en las últimas décadas y ha abierto la posibilidad de desarrollar herramientas y dispositivos que pueden hacer realidad el Turismo Cuántico. A continuación, se presentan algunas de las tecnologías cuánticas más prometedoras para el Turismo Cuántico.

Criptografía cuántica.

La criptografía cuántica es una tecnología que utiliza los principios de la mecánica cuántica para proteger la privacidad y seguridad de la información. Además de enviar mensajes de forma segura, esta tecnología también puede garantizar la autenticidad de la información transmitida. La criptografía cuántica permite una comunicación segura entre turistas y empresas de turismo, y también permite la transferencia segura de información personal y financiera. Es fundamental para el Turismo Cuántico.

Computación cuántica.

La computación cuántica es una tecnología que utiliza los principios de la mecánica cuántica para procesar información de forma más rápida y eficiente que los ordenadores clásicos. En el Turismo Cuántico, la computación cuántica puede ser utilizada para optimizar la planificación de viajes y rutas turísticas, y para procesar grandes cantidades de datos en tiempo real. Además, también puede ser utilizada para analizar datos complejos de los turistas y proporcionarles algunas recomendaciones personalizadas de viajes.

Teletransportación cuántica.

La teletransportación cuántica es una tecnología que permite transferir información o estados cuánticos de un lugar a otro sin necesidad de un medio físico. Si bien la teletransportación de objetos físicos aún no es posible, esta tecnología puede ser utilizada en el Turismo Cuántico para ofrecer experiencias virtuales de viajes a destinos remotos y exóticos.

Los turistas pueden explorar lugares que no son accesibles de forma física, y pueden interactuar con la cultura y la naturaleza de estos destinos de manera virtual.

Entrelazamiento cuántico.

El entrelazamiento cuántico es un fenómeno en el cual dos partículas cuánticas están conectadas de forma intrínseca, lo que significa que cualquier cambio en una partícula se refleja en la otra de forma instantánea, principio visto anteriormente. Esta tecnología puede ser utilizada en el Turismo Cuántico para ofrecer experiencias de viaje en las que los turistas puedan interactuar de forma remota con objetos y personas en destinos lejanos. Por ejemplo, los turistas pueden controlar robots en destinos remotos para explorar lugares peligrosos o inaccesibles.

Microscopios cuánticos.

Los microscopios cuánticos son herramientas que utilizan la luz cuántica para observar objetos a escala nanométrica. Estos microscopios pueden ser utilizados en el Turismo Cuántico para ofrecer experiencias de viaje en las que los turistas puedan observar la estructura atómica y molecular de objetos y materiales en destinos turísticos científicos como laboratorios y centros de investigación. Los turistas pueden experimentar la ciencia detrás de la tecnología cuántica y aprender sobre la materia en un nivel más profundo.

En resumen, las tecnologías cuánticas presentan un gran potencial para el Turismo Cuántico, ofreciendo una amplia gama de experiencias únicas y emocionantes para los turistas. Desde la garantía de seguridad y privacidad de la información hasta la optimización de la planificación de viajes y la posibilidad de explorar destinos remotos y exóticos de forma virtual, la tecnología cuántica está abriendo nuevas oportunidades para la industria turística.

Además, las experiencias que se pueden ofrecer a través de tecnologías como la teletransportación cuántica y el entrelazamiento cuántico que son verdaderamente revolucionarias, permitiendo a los turistas interactuar con objetos y personas en destinos lejanos de una manera que antes no era posible. Con los microscopios cuánticos, los turistas pueden explorar la estructura atómica y molecular de materiales y objetos en destinos científicos, obteniendo una comprensión más profunda y detallada de la materia y la ciencia que hay detrás de la tecnología cuántica.

En síntesis, conclusión, el Turismo Cuántico tiene el potencial de transformar la forma en que viajamos y experimentamos el mundo que nos rodea. A medida que la tecnología cuántica continúa avanzando, se abrirán nuevas oportunidades para ofrecer experiencias de viaje únicas e innovadoras para los turistas de todo el mundo.

CAPITULO VII

Tipos de viajes cuánticos

CAPITULO VII. Tipos de viajes cuánticos.

¿Te imaginas poder viajar a través del tiempo, experimentar diferentes realidades y visitar mundos virtuales? Se estima que el turismo cuántico hará posible esto y más.

En esta sección, te presentamos los 11 tipos de viajes cuánticos más emocionantes que podrías experimentar. Desde viajes a través de universos paralelos hasta la transferencia de conciencia a diferentes cuerpos, estos viajes te permitirán experimentar una variedad de formas de vida y de existencia. Prepárate para expandir tu mente y explorar nuevas dimensiones del universo con estos viajes cuánticos únicos y emocionantes. ¿Estás listo para desafiar los límites de la realidad? Acompáñanos en esta aventura hacia una nueva realidad.

1. Viajes Inter dimensionales.

Los viajeros podrían experimentar la sensación de cambiar de dimensión, visitando universos paralelos o diferentes realidades alternativas.

La idea de los viajes Inter dimensionales se basa en la teoría de la física cuántica de que existen múltiples universos, cada uno con su propia realidad y dimensión. Los turistas cuánticos podrían viajar entre estos universos paralelos y experimentar diferentes versiones de la realidad.

Según lo señalado, los universos paralelos existen en una superposición cuántica de estados posibles, y cada uno de ellos puede ser una versión ligeramente diferente de nuestro propio universo, en otras, versiones idénticas. Los turistas cuánticos podrían viajar a estos universos mediante la manipulación cuántica de partículas, lo que les permitiría experimentar diferentes realidades alternativas de ellos mismos.

La idea de los viajes Inter dimensionales ha sido conocida en la cultura popular a través de películas, libros y series de televisión, aún es una idea teórica en la física cuántica y no hay tecnologías disponibles para hacerlo posible en la actualidad, pero se estima que es cuestión de tiempo para lograrlo.

Algunos científicos y empresas de tecnología están investigando cómo la tecnología cuántica podría permitir los viajes Inter dimensionales en el futuro. Esto podría abrir nuevas oportunidades en el turismo cuántico, ya que los turistas podrían explorar universos paralelos y experimentar diferentes realidades y culturas en el proceso.

2. Viajes en el tiempo.

Los turistas podrían viajar a diferentes épocas históricas y vivir experiencias únicas, viajes hacia el pasado o futuro, podrán ver, pero no alterar los sucesos históricos ni destinos de sus vidas o de otros en el futuro.

Viajar en el tiempo es uno de los conceptos más emocionantes y fascinantes en el mundo de los viajes cuánticos.

Por ejemplo, podrían presenciar la construcción de las pirámides de Egipto, observar labatalla de Waterloo, o asistir a la caída del Muro de Berlín.

Sin embargo, es importante tener en cuenta que cualquier alteración de los eventos históricos podría tener graves consecuencias en el presente o en el futuro. Por lo tanto, los turistas solo podrían observar los eventos históricos sin intervenir en ellos.

Además, los turistas tampoco podrían cambiar su propio destino o el destino de otros, ya que cualquier cambio podría tener efectos impredecibles en la línea temporal. Esto sería estrictamente regulado.

3. Viajes teletransportación cuántica.

En lugar de tomar un avión o un tren, los turistas podrían teletransportarse instantáneamente a su destino final a través de la manipulación cuántica departículas.

La teletransportación cuántica es una teoría científica que permite la transferencia instantánea de información o materia de un lugar a otro a través de la manipulación de partículas subatómicas.

En la teoría, los turistas podrían teletransportarse instantáneamente a su destino final sin la necesidad de utilizar aviones, trenes u otros medios de transporte convencionales.

Este tipo de viaje revolucionaría la forma en que los turistas podrían viajar alrededor del mundo. Los turistas podrían teletransportarse a cualquier parte del mundo al instante, lo que significaría que no habría tiempo de espera en los aeropuertos ni molestias por los vuelos largos.

Además, esto tendría un impacto positivo en el medio ambiente, ya que la eliminación del transporte convencional reduciría las emisiones de gases de efecto invernadero.

La teletransportación cuántica es una teoría en desarrollo que sigue estudiándose con resultados, si bien no definitivos, prometedores que indican que algún día podría hacerse realidad. Te imaginas, ¿algún día una persona podrá en segundos teletransportarse desde Nueva York hasta Londres?

Esto será una revolución en el turismo cuántico por la inmediatez entre origen y destino del turista, además de otras implicancias como vivir en un país y trabajar en otro.

4. Viajes a través del espacio.

Los viajes a través del espacio son una de las posibilidades más fascinantes que podrían ofrecerse a los turistas del futuro. Gracias a tecnologías avanzadas y naves espaciales especialmente diseñadas, los viajeros podrían aventurarse más allá de nuestro sistema solar y visitar otros planetas, estrellas y galaxias.

En estos viajes, los turistas podrían experimentar las maravillas y los misterios del universo, contemplando paisajes cósmicos asombrosos y descubriendo nuevas formas de vida. Podrían explorar planetas desconocidos, desde los inhóspitos y estériles hasta los exuberantes y llenos de vida, y tener la oportunidad de investigar la existencia de agua, minerales y recursos valiosos en otras partes del universo.

Por supuesto, estos viajes no estarían exentos de riesgos y desafíos. Se requeriría de exigentes regulaciones y protocolos.

Los turistas tendrían que someterse a rigurosas pruebas de salud y entrenamiento para adaptarse a la vida en el espacio por parte de un tipo de agencia de viajes cuánticos que elijan en la tierra. Habría protocolos para enfrentar peligros como la radiación, la falta de gravedad y los imprevistos técnicos. Pero para aquellos dispuestos a asumir estos riesgos, los viajes espaciales podrían ofrecer una de las experiencias más emocionantes y enriquecedoras de sus vidas.

5. Viajes en universos simulados.

En un futuro no muy lejano, los turistas tendrán la oportunidad de experimentar mundos virtuales completamente nuevos a través de la tecnología de universos simulados. Estos universos virtuales serán creados por computadoras con una capacidad de procesamiento nunca antes vista, lo que permitirá a los viajeros explorar mundos que desafían la imaginación.

Los universos simulados podrían ser basados en ficción científica o ser completamente imaginarios, creados a partir de diseñadores de mundos virtuales. Los turistas podrían explorar planetas exóticos, caminar por ciudades futuristas y conocer a seres imaginarios.

La inmersión en estos universos virtuales será completa, los viajeros podrán sentir, ver y escuchar todo lo que sucede en estos mundos simulados. Las leyes de la física serán diferentes, y los turistas podrán experimentar la gravedad cero, teletransportarse, volar y mucho más.

Además, los turistas podrán interactuar con personajes virtuales, comunicarse con ellos y tomar decisiones que afecten el curso de sus experiencias. Estas interacciones podrían llevar a aventuras emocionantes, donde los viajeros tendrán que tomar decisiones importantes y resolver misterios para avanzar en su exploración.

6. Viajes a través de agujeros de gusano.

Los viajes a través de agujeros de gusano, aún teóricos, son una idea apasionante y fascinante para la exploración del universo. Se cree que los agujeros de gusano son atajos en el espacio-tiempo que podrían permitir a los viajeros ir de un lugar a otro de manera instantánea, en lugar de tener que viajar largas distancias a través del espacio.

Para hacer posible este tipo de viaje, se necesitaría una tecnología avanzada capaz de generar y controlar estos agujeros de gusano, los científicos trabajan y avanzan en esto. Los turistas podrían subirse a una nave espacial especialmente diseñada y dirigirse hacia el agujero de gusano más cercano, que los llevaría a su destino elegido.

A medida que la nave se acerca al agujero de gusano, la gravedad en el área se intensifica, lo que aumenta la velocidad de la nave a medida que se acerca al agujero.

Una vez que la nave entra en el agujero, los viajeros experimentarían una fuerza gravitacional extrema mientras son transportados a través del espacio- tiempo a su destino final.

Los turistas podrían explorar los lugares más exóticos y lejanos del universo, incluyendo planetas extraños, estrellas distantes y galaxias lejanas. Además, podrían experimentar fenómenos cósmicos fascinantes como la gravedad extrema, la radiación cósmica y la interacción de cuerpos celestes.

Por supuesto, viajar a través de agujeros de gusano también presenta sus propios desafíos y peligros. Los turistas necesitarían una formación extensa en seguridad y técnicas de navegación espacial para poder realizar este tipo de viaje de manera segura y eficaz. Pero sin duda, sería una aventura emocionante para aquellos que estén dispuestos a vivir esta experiencia.

7. Viajes Cuánticos Personalizados.

Imagínate poder diseñar tu propio viaje de ensueño con la ayuda de la última tecnología en inteligencia artificial. Los turistas podrían simplemente ingresar sus preferencias y deseos en un software de inteligencia artificial y el sistema se encargaría de crear un itinerario personalizado que se adapte a sus necesidades y gustos. Esto sería crear la oferta a la medida o viaje personalizado.

Con la ayuda de la inteligencia artificial, los turistas podrían descubrir destinos increíbles que nunca antes hubieran considerado, encontrar las mejores ofertas y descuentos en vuelos y alojamiento cuánticos, obtener recomendaciones personalizadas sobre actividades y lugares de interés en el destino elegido.

Además, los sistemas de inteligencia artificial también podrían proporcionar asistencia en tiempo real durante el viaje, proporcionando información sobre el clima, la seguridad y los detalles de transporte en tiempo real, lo que permitiría a los turistas disfrutar de una experiencia de viaje fluida y sin estrés. No está lejos esta posibilidad de viaje.

Incluso en el futuro, la inteligencia artificial podría ser lo suficientemente avanzada como para actuar como guía turístico virtual, capaz de responder a preguntas, proporcionar información histórica y cultural, y ofrecer recomendaciones sobre lugares para visitar y cosas que hacer.

En definitiva, los viajes con la ayuda de la inteligencia artificial podrían ser otra revolución de la forma en que experimentamos el mundo y podrían hacer que cada viaje sea aún más personalizado y emocionante que antes.

8. Viajes cuánticos a los recuerdos.

En lugar de simplemente recordar eventos pasados, podrían sumergirse en ellos, viajar a ellos y experimentarlos de nuevo como si estuvieran sucediendo en ese momento.

Usando la tecnología cuántica, los turistas podrían acceder a diferentes estados de conciencia que les permitirían explorar sus recuerdos de manera más profunda e intensa.

Podrían revivir momentos especiales de su vida, como bodas o graduaciones, o incluso explorar recuerdos más oscuros para comprender mejor supropia psique.

Además, los turistas cuánticos también podrían experimentar realidades alternativas en sus propias mentes. Podrían explorar posibilidades que nunca tuvieron lugar en la realidad, como un futuro alternativo en el que tomaron una decisión diferente.

Esto les daría una comprensión más profunda de sus propias elecciones y cómo podrían haber influido en el curso de su vida.

Y si los turistas cuánticos se sienten especialmente aventureros, podrían incluso explorar los recuerdos de otras personas, siempre y cuando cuenten con su consentimiento.

Esto les permitiría ver el mundo desde una perspectivacompletamente nueva y comprender mejor las experiencias de los demás.

9. Viajes a través de la conciencia.

Utilizando tecnología cuántica, los turistas podrían viajar a través de diferentes estados de conciencia y experimentar realidades alternativas.

Imagina poder explorar universos interiores sin salir de tu cuerpo físico. Eso es lo que los viajes a través de la conciencia permiten a los turistas cuánticos. Con el uso de tecnología cuántica avanzada, los viajeros podrían experimentar diferentes estados de conciencia y visitar realidades alternativas que van más allá de lo que podemos experimentar en nuestro mundo físico.

Los turistas cuánticos pueden sumergirse en un mundo de sueños lúcidos, viajar a través de diferentes dimensiones y explorar su propia mente.

La tecnología cuánticales permite viajar más allá de las limitaciones físicas de nuestro mundo, y les daría la oportunidad de experimentar lo inimaginable.

Además de explorar diferentes estados de conciencia, los viajes a través de la conciencia también tienen un gran potencial para la terapia y el bienestar emocional. Los viajeros pueden experimentar estados de meditación profunda y conectarse con su ser interior para lograr una mayor claridad mental y emocional.

Los viajes a través de la conciencia son una forma innovadora y emocionante de explorar lo desconocido, tanto dentro de nosotros mismos como en el universo que nos rodea. Con la tecnología cuántica avanzada, los turistas cuánticos podrían embarcarse en aventuras que van más allá de nuestra comprensión actual del mundo, y descubrir nuevos horizontes en la exploración de la mente y el universo.

10. Viajes de fusión mente-cuerpo.

Viajes de fusión mente-cuerpo: Los viajeros podrían transferir su conciencia a diferentes cuerpos y experimentar diferentes formas de vida y de existencia.

Esta forma de viaje turístico cuántico sería innovadora y emocionante, permitiendo a los turistas experimentar diferentes culturas y formas de vida a través de la transferencia de su conciencia a cuerpos receptores. Sería una forma única de explorar el mundo y experimentar la vida desde diferentes perspectivas.

Imagina ser capaz de transferir tu conciencia a un cuerpo diferente, experimentando la vida de un animal en su hábitat natural, explorando la vida submarina como un delfín, o descubriendo el mundo desde la perspectiva de un pájaro en vuelo.

Los viajeros podrían incluso transferir su conciencia a cuerpos robóticos, experimentando la vida como un ser cibernético y descubriendo cómo es vivir en unmundo donde la tecnología ha evolucionado hasta el punto de la fusión mente-cuerpo.

Además, los viajeros podrían experimentar diferentes épocas históricas a través de la transferencia de su conciencia a cuerpos receptores de diferentes períodos de tiempo, permitiéndoles experimentar la vida en diferentes momentos de la historia humana.

Los viajes de fusión mente-cuerpo podrían abrir nuevas posibilidades de conexión emocional y empatía con diferentes formas de vida, permitiendo a los turistas experimentar una conexión más profunda con el mundo que los rodea.

Esta forma de viaje turístico cuántico será innovadora y motivadora, ofreciendo una experiencia única que podría cambiar la forma en que los turistas ven el mundo y su lugar en él.

11. Viajes por realidad virtual.

Los turistas podrían utilizar tecnología de realidad virtual avanzada para experimentar mundos virtuales y experiencias inmersivas y realistas. La realidad virtual ha evolucionado mucho en los últimos años, y ahora ofrece una forma de viaje turístico cuántico emocionante y envolvente.

Los turistas podrían visitar lugares lejanos y experimentar culturas y entornos que de otra manera no serían accesibles en este mundo e historia. Podrían caminar por las calles de ciudades históricas, visitar lugares sagrados y patrimonios culturales, o incluso experimentar actividades extremas como el salto en paracaídas o el parapente.

La realidad virtual también podría ser utilizada para recrear eventos históricos, permitiendo a los turistas experimentar momentos importantes de la historia, comola caída del Muro de Berlín o la llegada del hombre a la luna.

La tecnología de realidad virtual avanzada podría recrear estos eventos de manera muy realista, permitiendo a los turistas sentir como si estuvieran realmente allí. Este tipo de viajes no está lejos de ser posible, según algunos científicos.

En resumen, los viajes a través de la realidad virtual, ofrece una forma emocionantede explorar este mundo y experimentar diferentes culturas y entornos, sin salir de casa. La tecnología de realidad virtual avanzada permitiría a los turistas sumergirse completamente en mundos virtuales y experiencias singulares, ofreciendo una forma única de viaje turístico cuántico que puede ser muy emocionante y educativo.

SUS REFLEXIONES / PREGUNTAS AQUÍ
acomdechile@gmail.com

(*) Si necesita consultar al autor puede enviar sus preguntas.

CAPITULO VIII
El futuro del turismo cuántico

CAPITULO VIII. El futuro del turismo cuántico.

El turismo cuántico es una industria emergente que promete transformar la forma en que viajamos y experimentamos la realidad. A medida que la tecnología continúa evolucionando, el futuro del turismo cuántico parece prometedor.

Por ejemplo, la nanotecnología podría permitir a los turistas viajar dentro del cuerpo humano para experimentar cómo funciona el cuerpo desde adentro. Además, la realidad aumentada y la realidad virtual continuarán avanzando, lo que permitirá a los turistas experimentar mundos virtuales cada vez más realistas e inmersivos.

El turismo cuántico podría cambiar nuestra comprensión de la realidad y el sentidode la vida.

Al experimentar diferentes realidades alternativas, mundos paralelos e imaginarios, los turistas podrían expandir su comprensión de lo que es posible y descubrir nuevas formas de pensar sobre el mundo y sobre sí mismos.

El turismo cuántico plantea cuestiones éticas y sociales importantes, como el acceso equitativo a las tecnologías cuánticas y la protección de la privacidad y la seguridad. También se debe considerar cómo el turismo cuántico podría afectar la cultura y las tradiciones locales, y cómo se pueden mitigar los posibles impactos negativos.

La sostenibilidad es una preocupación importante en cualquier forma de turismo, el turismo cuántico no es una excepción. Se deben tomar medidas para garantizar que el turismo cuántico no dañe el medio ambiente y que las comunidades locales se beneficien de manera justa de la industria.

El turismo cuántico también podría ser una herramienta para abordar problemas importantes en nuestra sociedad y en el mundo, como la educación y la salud. Por ejemplo, los turistas podrían utilizar tecnologías cuánticas para experimentar diferentes formas de aprendizaje y mejorar la educación.

También se podrían utilizar tecnologías cuánticas para diagnosticar enfermedades y desarrollar tratamientos más efectivos. En un próximo libro es posible ahondar en esto.

En definitiva, el turismo cuántico desempeñará un papel importante en la evolución humana , la comprensión de la diversidad de realidades y las posibilidades de la vida en el universo.

Conclusiones

El turismo cuántico es una ventana hacia realidades infinitas, una invitación a explorar mundos que parecían inalcanzables y experimentar realidades más allá de nuestra comprensión actual. En este libro hemos explorado algunas formas emocionantes de viajes turísticos cuánticos, desde viajes en el tiempo hasta la fusión mente-cuerpo, y hemos imaginado un futuro donde la tecnología y la mente se unen para crear experiencias de viaje que desafían nuestra comprensión de la realidad.

Pero el turismo cuántico no es solo un entretenimiento para los aventureros, sino una herramienta poderosa para comprender mejor el mundo que nos rodea y resolver problemas importantes en nuestra sociedad y en el mundo.

Nos desafía a repensar nuestra comprensión del tiempo y del espacio, a ser más conscientes del impacto social y ambiental de nuestros viajes y a explorar nuevos horizontes para impulsar la evolución humana.

En última instancia, el turismo cuántico es un llamado a la acción para explorar nuevos horizontes y desafiar los límites del conocimiento y la tecnología. Nos recuerda que, como seres humanos, tenemos una curiosidad innata y un anhelo dedescubrir lo desconocido, y que es a través de la exploración y la experimentación que logramos avances significativos.

Así que, ¿qué esperas? ¡Únete a nosotros en la próxima parada de una nueva realidad y comienza tu viaje cuántico hoy mismo!

Un saludo cuántico, gracias.

www.ingramcontent.com/pod-product-compliance
Lightning Source LLC
Chambersburg PA
CBHW070920220526

45467CB00004B/1492